LES MÉTAUX

SONT DES CORPS COMPOSÉS

PRODUCTION ARTIFICIELLE
DE L'OR

LETTRE

à MM. les Membres de la Commission du Budget,
à MM. les Sénateurs et à MM. les Députés, etc.,
et ce qu'a été mon existence jusqu'à ce jour.

Par T^re TIFFEREAU

Ancien élève et préparateur de chimie à l'École professionnelle
de Nantes.

130, Rue du Théâtre, Paris-Grenelle.

2e Édition.

PRIX : **1** fr. **50**

PARIS

IMPRIMERIE A. QUELQUEJEU

10, Rue Gerbert, 10

1888

Ouvrage du même Auteur :

LES MÉTAUX SONT DES CORPS COMPOSÉS

Mémoires présentés à l'Académie des Sciences,

suivi de

PARACELSE ET L'ALCHIMIE AU 16e SIÈCLE

Par M. FRANCK

Membre de l'Académie des Sciences Morales et Politiques.

(Il ne reste plus que quelques exemplaires).

Prix : 6 francs.

Grenelle, le 3 Juin 1887.

A Messieurs les Membres
de la Commission du Budget.

MESSIEURS,

Excusez-moi de la liberté que je prends de vous entretenir d'un fait qui n'est pas nouveau, mais qui n'en a pas moins son importance, aujourd'hui plus que jamais : je veux parler de **l'or artificiel.**

Le fait qu'on peut obtenir de l'or artificiel existe ; il m'a toujours été contesté, mais j'en puis fournir la preuve. A la suite de nombreuses expériences, j'ai obtenu de l'or artificiel qui, avec son cachet particulier, exclut toute idée de falsification.

Le fait a par lui-même trop d'importance, surtout en l'état actuel de nos finances, pour que je consente à en rester là. Ma conscience me pousse à poursuivre par tous les moyens en mon pouvoir à fin d'arriver à ce qu'on examine le résultat de mes expériences pour qu'on les prenne en considération et que mon pays en ait l'honneur de la découverte et en profite avant que nos voisins aient obtenu le même résultat, ainsi que j'en ai manifesté la crainte dans une lettre à M. BERTHELOT, le 3 Mars 1885, à propos de son livre sur les Alchimistes.

Je viens donc vous prier, Messieurs, de vouloir bien nommer ou provoquer la nomination d'une Commission d'hommes compétents pour examiner **l'or artificiel que j'ai obtenu**. J'en ferai avec plaisir le sacrifice pour le soumettre aux expériences de nos savants. Qu'on en fasse l'analyse avec soin, qu'on l'examine bien sous toutes les faces, et il en sortira certainement des étincelles de lumière qui pourront mettre les savants sur une nouvelle voie d'où pourront surgir des procédés nouveaux et sûrs. Alors les bénéfices seraient incalculables, si j'en juge par les quelques résultats que j'ai obtenus.

Je pourrai fournir, en outre de mes parcelles d'or artificiel, bien des faits inédits qui pourront être utiles et qui, interpretés sciemment par des hommes compétents, avec un matériel scientifique dont je ne dispose pas, ne tarderont pas, j'en suis sûr, à produire des résultats auxquels on a refusé de croire jusqu'ici. Telle est ma conviction.

Si je ne suis pas arrivé seul au but désiré il ne faut pas en être surpris, surtout si on consulte la liste des inventeurs et chercheurs qui n'ont pas profité du produit de leur travail.

J'en reste là pour le moment et je me tiens à la disposition de tous ceux de vous, Messieurs, qui voudront bien voir cet or et avoir de plus amples renseignements.

Je vous prie, Messieurs, de vouloir bien agréer l'assurance de ma haute considération.

C. T. TIFFEREAU,

130, rue du Théâtre, Grenelle-Paris.

Paris, imp. Quelquejeu, 10, rue Gerbert

LES MÉTAUX

SONT DES CORPS COMPOSÉS

PRODUCTION ARTIFICIELLE
DE L'OR

LETTRE

à MM. les Membres de la Commission du Budget,
à MM. les Sénateurs et à MM. les Députés, etc.,
et ce qu'a été mon existence jusqu'à ce jour.

Par T[re] TIFFEREAU

Ancien élève et préparateur de chimie à l'École professionnelle de Nantes.

130, Rue du Théâtre, Paris-Grenelle.

2e Édition.

PRIX : 1 fr. 50

PARIS
IMPRIMERIE A. QUELQUEJEU
10, Rue Gerbert, 10
1888

AVIS AU LECTEUR.

Depuis que j'ai publié mes recherches sur les métaux et la possibilité de faire de l'or artificiel, on s'est beaucoup porté à compulser les livres Alchimiques; on en a cherché partout, on a même été jusqu'à fouiller les tombeaux des anciens pour en découvrir, et on traduit les livres avec avidité pour tâcher d'y découvrir le moyen de faire de l'or.

Que de temps et d'argent perdu !

Ce n'est pas dans les livres qu'il faut chercher, c'est la matière elle-même qu'il faut prendre sous ses différents états et étudier les actions de ce fluide vital qui est en tout et partout, qui opère journellement sous nos yeux la transformation de la matière, sans que nous puissons en suivre le cours tellement les effets en sont lents.

Il faut plusieurs siècles pour que des changements appréciables s'opèrent.

Telle est, par exemple, la production de la Houille par la transformation des Végétaux, quand on connaîtra les causes et ces effets, on cherchera alors les moyens de les reproduire artificiellement, d'en abréger de plus en plus leur durée, pour les rendre à l'état pratique.

Eh bien! ces recherches et études, je les ai faites; après beaucoup de temps et de patience, j'ai réussi à produire de l'or artificiel.

Mais si j'ai réussi à produire de l'or artificiellement, je ne veux pas dire que j'arriverai immédiatement à une production parfaite ; mais je produirai vite en quantité appréciable et rémunératrice ; puis les perfectionnements arriveront avec la pratique. Comme la machine à vapeur et tant d'autres.

Notamment un modeste instrument des temps les plus reculés, je veux parler du sablier que depuis longtemps je construis. J'en ai fait un compteur à minutes et à secondes, puis voulant remplacer le sable par l'eau pour y apporter des perfectionnements, je suis arrivé à construire une horloge hydraulique qui m'a fait découvrir le siphon flotteur; mais ce n'est que dernièrement, après 40 ans de recherches, que je viens de réussir à construire un instrument qui fonctionne, comme le sablier en vase clos et qui obvie à tous les inconvénients.

Eh qui nous dit que je n'arriverai pas aussi à perfectionner mes procédés de l'or artificiel ? et à les faires rentrer dans le domaine de l'industrie.

Depuis le fait de l'or que j'ai obtenu au Mexique jusqu'à aujourd'hui, que de tribulations n'ai je pas eu à souffrir ; obligé à plusieurs reprises d'interrompre mes travaux sur les métaux, les reprenant aussitôt que mes faibles moyens me le permettaient. J'ai pu seul, malgré tout, arriver à modifier mes procédés et à y apporter de nouvelles améliorations et les derniers résultats que je viens d'obtenir me permettent de croire qu'avant peu je vais pouvoir opérer avec certitude sur une échelle moyenne et le but tant désiré sera atteint.

Avec des ressources suffisantes je pourrai, sans aucun doute, abréger l'époque de ma réussite complète ; en multipliant mes travaux, les chances deviendront d'autant plus grandes, c'est pour cela que je viens demander à mon pays de me venir en aide pour en faire bénéficier ma Patrie.

T. TIFFEREAU

130, rue du Théâtre, Paris-Grenelle.

Paris, le 16 Mai 1888.

A Messieurs les Députés de la Seine.

Messieurs,

Par différentes lettres que vous connaissez, je me suis adressé, à Messieurs les Membres de la Commission du Budget, puis à Messieurs les Sénateurs et Députés, les priant de me donner leurs concours et leur appui pour faire prendre en considération ma demande relative à l'or artificiel.

Je crois aujourd'hui devoir demander, tout particulièrement l'appui des représentants de notre grande ville des lumières. C'est pourquoi je viens m'adresser à vous, persuadé que vous tiendrez à honneur de favoriser et de faire accepter comme découverte nationale celle dont j'ai déjà eu l'honneur de vous entretenir en même temps que Messieurs les représentants des deux chambres.

Il me serait facile de la faire prendre par une société particulière si mon patriotisme ne me faisait craindre qu'elle tourne au profit d'une nation voisine, qui en profiterait au détriment de la France: car, Messieurs, vous ne doutez pas, j'en suis persuadé, que la production de l'or artificiel devenu à l'état pratique sera la source d'une immense fortune au profit de la nation à qui en reviendra l'honneur.

Il est vrai que le fait de produire de l'or artificiel, de faire de l'or, a contre lui l'incrédulité des siècles et la plaisanterie ; ce qui fait que personne n'ose en parler ni même s'arrêter à en entrevoir le résultat avec toutes ses conséquences.

Pour chasser de votre pensée toute idée de charlatanisme ou autre chose de ma part permettez moi, Messieurs, de vous faire ici un résumé très succinct de mon existence depuis 1842 jusqu'à aujourd'hui. Vous verrez que toute ma vie a été consacrée au travail et à des recherches dont plusieurs ont profité à mon pays.

Electeur à Grenelle depuis 1848, je suis assez connu dans mon arrondissement pour que vous puissiez vous assurer de l'exactitude de ce que je vais avancer.

Je vais diviser mon travail en deux parties : D'abord mon voyage au Mexique consacré à l'étude des mines et des placers et de la transformation qui s'opère pour la composition de l'or ; ensuite mon retour en France, la continuation de mes études sur l'or, et mes autres travaux jusqu'à aujourd'hui.

Voyage au Mexique.

Elève et préparateur de l'éminent M. Leloup, directeur et professeur de physique et de chimie à l'Ecole Professionnelle Supérieure de Nantes, je m'adonnai surtout à l'étude des métaux et, convaincu que cette partie des sciences chimiques offrait, un champ immense à moissonner pour un homme d'observation, je résolus d'entreprendre un voyage d'exploration au Mexique, cette terre classique des métaux précieux, et au mois de Décembre 1842, je m'embarquai à Bordeaux sur le trois mats «Lanaïs»

M. Guéroult, qui venait d'être nommé consul à Mazatlan et qui allait rejoindre son poste, se trouvait sur le même navire avec sa famille. Je fis connaissance avec eux et nous continuames ensemble la traversée et notre voyage jusqu'à leur destination. Débarqués à Vera-Cruz, nous traversames le Mexique en caravane passant par Mexico, puis nous arrivames à Mazatlan, nouvelle résidence de M. Guéroult. C'est là que je commençai à mettre à exécution les explorations qui faisaient le but de mon voyage.

En partant de France, j'avais décidé de cacher mes travaux secrets sous l'abri d'un art nouveau, le Daguerréotype. Je m'étais muni à Bordeaux, avant mon départ, des appareils et produits nécessaires. Mais je n'avais aucune expérience de ces appareils, je dus donc, avant de rien entreprendre, me familiariser à leur manipulation. Ce n'est qu'au bout de deux mois environ que j'ai pu obtenir des résultats à peu près satisfaisants : j'étais sauvé, je n'avais qu'à me mettre en route et à travailler.

Sous le couvert de ma nouvelle industrie je pus parcourir en tous sens ces immenses contrées qui, depuis, ont tant fixé les regards du monde.

De Mazatlan, je m'embarquai d'abord pour Guaymas et me dirigeai ensuite sur Hermosillo, Urès, Oposura et Arispé, tirant partout le meilleur profit possible de mon Daguerréotype. Rendu en cette dernière ville, la sureté devenait de moins en moins grande pour m'aventurer plus loin, seul avec un guide au milieu de tribus sauvages. J'y stationnai quelque temps et je visitai les placers de la contrée, puis je revins sur mes pas et, par le même chemin, je retournai au port où j'arrivai sans accident.

Après quelques jours de repos, je résolus de retourner à Mazatlan par terre en visitant la province de Sinaloa, une des plus riches en métaux précieux du Mexique. Je visitai successivement : Alamos, district de mines le plus important, que je trouvai en deuil à la suite de l'extermination par les indiens d'une armée de jeunes volontaires appartenant aux principales familles; El Fuerté, où le fleuve charrie de l'or, je vis là une montagne de sulfure de fer en décomposition, où l'on venait chercher le sulfate de fer tout cristallisé et de l'alun pour la teinture; puis Sinaloa, Culiacan et

Cozala et enfin j'arrivai à Mazatlan.

Lors de mon passage à Saint-Ignacio, près Culiacan, j'examinai une nouvelle mine de sulfure d'argent qu'on venait de découvrir. Mon attention s'est surtout portée sur certaines parties de sulfure rougeâtres et désagrégées, ayant l'apparence de la rouille. Les mineurs Mexicains appellent cette subtance « quija de oro » (mines d'or), puis près de Cozala, je visitai la mine d'argent de Gonzalez qui contient beaucoup d'or ; elle est peu profonde, elle se trouve dans le voisinage de sources sulfureuses chaudes.

J'ai mis plus de deux ans à visiter ces deux provinces qui ont une étendue plus grande que la France.

Après un nouveau séjour à Mazatlan, je partis pour Guadalajara, ville importante où je m'installai pour travailler et approfondir par des expériences le résultat de mes recherches. Je pus me procurer là, tous les acides et ustensiles nécessaires et me livrer tout entier à mes essais.

C'est en étudiant les gissements des métaux, leurs gangues, leurs divers états physiques, c'est en interrogeant les mineurs et comparant leurs expressions (Ceci est bon et mur, ceci est mauvais et n'est pas encore passé à l'état d'Or), que j'acquis la certitude que les métaux subissent dans leur transformation certaines lois, certains âges inconnus mais dont les résultats frappent l'esprit de quiconque les étudie avec soin. Une fois placé à ce point de vue, mes recherches devinrent plus ardentes, plus fructueuses; peu à peu la lumière se fit et je compris l'ordre dans lequel je devais commencer mes travaux.

Guadalajara étant devenu mon centre d'opération je rayonnais tout autour, dans les différentes contrées pouvant m'intéresser, revenant toujours à mon point de départ, opérant toujours sur des quantités de plus en plus grandes. C'est ainsi que j'ai visité : St-Juan de Los Lagos, où se tient tous les ans pendant quinze jours une foire importante; Colima, pays des volcans en ignition et des tremblements de terre continuels; Guanajuato, contrée de mines importantes. Après cinq ans de recherches et de labeurs, je réussis enfin à produire quelques grammes d'or parfaitement pur.

Il m'est impossible de vous dire l'immense joie que je ressentis en touchant au but si désiré.

Dès lors je n'eus qu'une pensée fixe: rentrer en France et faire profiter mon pays de ma découverte.

Quitter le Mexique était fort difficile alors, car les Américains venaient de s'emparer de Vera-Cruz, de Mexico et de Tampico. Je me dirigeai sur Aguas Calientès, Sacatecaz et S. Luis Potosi. Là je me joignis à un groupe de commerçants qui, comme moi, voulaient s'embarquer.

Nous réunimes nos butins, notre caravane se mit en route et après dix étapes nous atteignimes le port, où je m'embarquai pour la France en Février 1848. Il ne me fallut pas moins de six mois pour venir de Guadalajàra à Tampico.

Revenu en France.

Après une longue traversée, qui m'a été très pénible, je débarquai à Bordeaux où je dus rester quelque temps me reposer un peu de mes fatigues, puis je rentrai dans ma famille, à Puyravault (Vendée), pour finir de me rétablir.

Les résultats que j'avais obtenus dans mes excursions ne laissaient pas de me tourmenter, il me tardait de pouvoir continuer mes expériences à mon aise. Après quelques mois de repos je réunis le petit capital que j'avais pu constituer au Mexique grâce à mon Daguerréotype, et je vins à Paris où j'espérais pouvoir me procurer toutes les ressources nécessaires. Je m'installai dans un petit logement au quatrième étage, rue de Vaugirard, en face le Luxembourg. Mon premier soin fut de constater à nouveau les propriétés de mon or sans trouver de différence avec celui des mines. A défaut de laboratoire je faisais mes expériences sur mon balcon, dans des conditions tout à fait désavantageuses.

Les défectuosités dans lesquelles j'opérais ne me permettaient pas d'arriver à un bon résultat, et avec mes faibles ressources, il ne m'était pas possible d'y remédier. Prévoyant alors ce qui m'arriverait si je n'avais pas une assez prompte réussite, je sacrifiai une partie de mon avoir pour me créer des ressources.

A Paris, je ne pouvais guère compter sur mon Daguerréotype, qui m'avait été au Mexique d'un grand secours. Je commençai par faire mon sablier compteur à l'usage de la photographie, puis un gazomètre servant d'aspirateur et de cuve. En voulant remplacer dans mon compteur le sable par l'eau je découvris le siphon flotteur, et dans une petite brochure j'en fis connaître ses applications à l'industrie. Pour prouver la régularité de son écoulement je construisis une horloge hydraulique en cristal qui figura avec succès aux cours de M. Delaunay, à la Sorbonne. Mon sablier compteur me permit seul de gagner quelque argent; de mon gazomètre et de mon horloge je ne pus tirer aucun avantage n'ayant pas pu obtenir qu'on en fit un rapport, ce qui m'en aurait facilité la vente.

Ayant alors à ma charge mon père devenu vieux et un jeune frère, mes ressources s'épuisèrent vite et mes affaires ne prospéraient pas, je ne pouvais pas rester dans cette situation. Je m'adressai à mon ancien professeur, M. Leloup, qui me recommanda auprès de M. Ferdinand Favre, sénateur, et je fus présenté à un homme haut placé qui me procura les fonds pour poursuivre mes expériences sur l'or, que j'avais été obligé de suspendre.

A la tête de ces nouvelles ressources je me croyais sauvé, je louai à Passy une maison où je fis construire un laboratoire et je me mis au travail. Mais bientôt après vint le coup d'Etat qui mit un temps d'arrêt, puis les dispositions changèrent; on allégua que mes expériences devenaient trop couteuses et j'ai dû donner congé de la maison que je venais de louer. Je vins alors à Grenelle rue du Théâtre, d'où je n'ai plus quitté, et je continuai mes recherches; mais les fonds m'ayant été complétement supprimés je dus encore une fois les abandonner pour me livrer à un travail qui me permit de vivre. Je me remis alors à mes sabliers compteurs, et comme ce travail n'était pas assez rémunérateur j'y joingnis ma première industrie: je fis des portraits.

Tout en me créant une situation pour subvenir à mes besoins de tous les jours, je n'oubliais pas mon or, et en 1853, je le présentais à l'Académie des sciences, accompagné de plusieurs mémoires sur ma découverte, j'espérais qu'on aurait fait un Rapport sur le fait que je présentais, ce qui m'aurait permis de trouver d'autres fonds pour continuer mes expériences, mais les conséquences de ce que je présentais comme vrai apportaient des perturbations telles dans les théories admises alors que Messieurs les membres de l'Académie ne voulurent pas s'y arrêter et me conseillèrent de m'adresser à la Société d'Encouragement, ce que je m'empressai de faire, et vous savez quel en fut le résultat.

Pour atteindre mon but j'avais tout sacrifié sans obtenir de résultat. A bout de ressources, tous mes meubles saisis, je pris la résolution de ne plus compter que sur moi; j'abandonnai mes expériences pour me livrer tout entier au travail de mes sabliers et à faire des portraits: il me fallait reconstituer un capital.

Je me mis résolument à l'œuvre, quelques amis voulurent bien poser pour ma montre et peu à peu je me fis connaître. Pendant deux ans je travaillais seul, je livrais mes sabliers le matin et je rentrais assez tôt pour faire la photographie ; j'opérais d'abord en plein air, mais ma clientèle augmentant je pus réaliser quelques économies et je fis construire une petite galerie au fond de mon jardin.

Au fur et à mesure de mes agrandissements je voyais ma clientèle grossir et les commandes arriver. Ne pouvant plus suffire seul, je pris un ouvrier menuiser pour mes sabliers, puis deux, puis un opérateur photographe. Encouragé par le succès je montai une seconde maison de photographie à Neuilly-sur-Seine, où j'allais d'abord trois fois par semaine; cette maison aussi progressa rapidement et j'y laissai à demeure l'un de mes élèves.

Mes ateliers de Grenelle, devenant bientôt insuffisants je fis construire sur tout mon jardin une salle d'attente et une galerie qui, partant de la rue, présentait une vue intérieure d'une profondeur de trente mètres avec des portraits exposés de chaque côté.

A partir de ce moment j'étais sauvé, j'avais fait de la publicité, ma maison était connue, ma clientèle augmentait considérablement, je vis venir chez moi toutes les personnes du quinzième arrondissement qui allaient avant chez les photographes en renom de Paris, tels que : Legros au Palais-Royal et Bertrand, rue Dauphine; j'eus aussi beaucoup de clients du Gros-Caillou, de Chaillot, Passy, Auteuil, Montrouge et Plaisance. Dans ces différents quartiers j'avais exposé des montres de photographies, ce qui avait occasionné un travail considérable et un entretien continuel qui absorbaient tous mes instants. Je ne dormais guère, veillant moi-même à tout; mais ma peine était récompensée, en peu de temps je réussis à payer mes constructions et toutes mes dépenses.

Dans cet intervalle je me suis marié, le 23 Juin 1861.

Mon succès avait fait des envieux, trois concurents vinrent s'établir à Grenelle, l'un en face de chez moi, les deux autres dans le quartier. Mais ma maison était connue, ils ne purent pas lutter et je continuai de progresser.

J'avais commencé à réaliser un petit capital, mes affaires marchaient admirablement quand, arrivant à fin de bail, mon propriétaire doubla mon loyer sans vouloir passer un nouveau bail. Je dus accepter cette nouvelle charge, très lourde pour moi, mais exposé chaque jour à recevoir congé ou à voir augmenter mon loyer je résolus de profiter de la première occasion pour sortir de cette situation. C'est alors que j'achetai, tout prêt,

de chez moi, un terrain sur lequel je fis construire une maison de quatre étages appropriée à mon établissement. C'était une bien grosse affaire avec le modeste capital dont je disposais; il a fallu tout mon courage et toute mon activité pour faire face aux échéances et maintenir ma maison en présence de la concurrence toujours croissante.

Dans le but d'augmenter mes bénéfices j'avais monté une troisième maison rue Boileau, à Auteuil, en face d'un établissement qu'on construisait pour une exposition permanente qui n'aboutit pas. Cette affaire n'a pas été heureuse, j'y restai trois ans faisant à peine mes frais.

Vint ensuite la guerre de 1870, qui paralysa quelque temps mes affaires. Ne pouvant plus faire de photographie je m'occupai d'un appareil respiratoire permettant de nager sous l'eau et destiné à la défense nationale. J'y ai apporté, depuis, de grands perfectionnements.

Après la guerre je recommençai mes travaux habituels ; ma photographie prit un nouvel essort, je fis un album de toutes les notabilités du quinzième arrondissement, ce qui ne contribua pas peu à augmenter ma clientèle.

Enfin en 1884, me sentant fatigué et désirant suivre sans interruption mes expériences, je cédai, dans le courant de Juillet, mon établissement à mon opérateur.

La photographie étant devenue ma principale ressources j'avais dû négliger mon autre industrie, le sablier, sans cependant l'abandonner complètement: j'avais toujours continué à fournir mes principaux clients, notamment le ministère de la Marine. Tout en négligeant la vente de cet appareil je n'ai pas cessé de chercher à y apporter des améliorations, et après quarante ans de recherches je viens enfin de trouver le moyen de remplacer le sable par un liquide ingelable et fonctionnant en vase clos.

Mon établissement de photographie cédé et ne faisant de sabliers que les quelques commandes qui me venaient de mes anciens clients, je résolus de reprendre mon travail sur l'or et de le conduire à bonne fin. En 1885, j'écrivais à M. Berthelot la lettre que vous connaissez, quand la fatalité me fit rencontrer un de ces gens, comme il en existe malheureusement trop à Paris, et je vis disparaître en bien peu de temps non seulement l'argent que je destinais à la continuation de mes expériences, mais aussi la plus grosse partie de ma fortune. Je me suis trouvé par suite forcé de renoncer à ce que j'avais de plus cher, à ce qui avait fait l'objet des préoccupations de toute ma vie.

C'était peut-être trop de témérité et d'audace de ma part que de vouloir entreprendre seul une œuvre aussi colossale, dont les conséquences seraient incalculables, mais les résultats de mes premières expériences me permettent de croire à la réalisation de mon désir, et les quelques essais de plus en plus significatifs que j'ai encore faits depuis, au fur et à mesure que mes faibles ressources me l'ont permis, me laissent croire que je touche mon but, et que pour l'atteindre il ne me manque plus que les moyens.

Trouvant en ma découverte un très grand intérêt national, je me suis adressé à mon pays en écrivant d'abord à Messieurs les Membres de la Commission du Budget, puis à Messieurs les Sénateurs et Députés. Je viens aujourd'hui insister plus particulièrement auprès de vous, Messieurs, pour que vous me veniez en aide.

Maintenant que vous me connaissez plus particulièrement par l'exposé véridique et très succinct que je viens de faire, j'ose espérer que vous daignerez vous intéresser à mes travaux et que vous me faciliterez les moyens d'arriver promptement au but pour lequel je travaille depuis 46 ans, à travers les vicissitudes de mon existence, sans avoir perdu un seul instant courage, persuadé que je suis dans la route du vrai et que la réussite est près. S'il m'était donné un instant de stabilité dans mes recherches, le succès ne se ferait pas attendre et je pourrais rembourser au centuple les capitaux dont j'ai aujourd'hui besoin et ceux que j'ai déjà mis ; il n'y a là rien d'exagéré.

Si on se rapporte au fait de ma découverte où tout l'argent et le cuivre ont été transformés en or pur, que de grandes choses ne pourrait-on pas réaliser au profit de notre nation.

Dernièrement un membre de la Chambre des

Députés, ingénieur très distingué, m'a demandé que je lui établisse le prix de revient de l'or artificiel, le prix des appareils et accessoires nécessaires à mes expériences, et enfin la somme dont j'ai besoin ; voici la réponse que je lui ai faite le 5 Février dernier.

« Ce que je désire avant tout c'est qu'on constate le fait de l'or artificiel que je vous ai présenté, c'est pour moi le point essentiel. Je ne suis ni un sauteur, ni un faiseur de dupes, je ne veux pas que ma bonne foi soit mise en doute et qu'on puisse dire que j'ai cherché à tromper mon pays. Il faut donc se convaincre par expériences du fait que j'avance, et si ce que je vous ai présenté n'est pas de l'or artificiel, il est inutile de poursuivre mes recherches.

« Ce fait constaté, il sera facile de nous entendre pour la continuation de mes expériences dans de bonnes conditions, dans un laboratoire où j'aurai à ma disposition tout les appareils et la matière première qui me seront utiles.

« Le résultat que j'ai obtenu au Mexique et que je vous soumets aujourd'hui, appuyé des quelques essais que j'ai faits ici, rendent ma conviction inébranlable : on peut transformer les métaux en or, et cette transformation peut devenir à l'état pratique. Il s'agit de produire vite et artificiellement, le travail qui s'opère naturellement à la suite des siècles et dont les causes principales doivent être : température, état électrique, influence solaire, acides à divers degrés de concentration et autres détails inédits que je puis fournir ; (1) c'est pour approfondir toutes ces causes que je cherche les fonds nécessaires à mes expériences.

« J'estime que pour arriver à un résultat satisfaisant, il me faut pouvoir disposer d'une somme variant de cinquante à cent mille francs, suivant la plus ou moins prompte réussite de mes expériences.

« Cette transformation des métaux en or, sera un fait accompli dans un temps prochain et les conséquences en seront incalculables au profit du pays à qui en reviendra l'honneur, ainsi qu'on peut s'en rendre à peu près compte en comparant la valeur d'un bloc de cuivre ou d'argent, à celle d'un lingot d'or provenant de la transformation du premier sans déchet.

« Aussi cette découverte est-elle d'objet d'un travail occulte et incessant de la part des savants et chercheurs de différentes nations.

« Depuis la publication de ma découverte, les progrès incessants des sciences physiques et chimiques, sont arrivés à un tel degré de précision

---

(1) L'or provient de la transformation des métaux dans des conditions déterminées comme la houille provient des végétaux, principe admis par les mineurs Mexicains et qu'ils consacrent par leurs expressions : « Quija de oro, — Ceci est bon et mûr, ceci ont mauvais et n'est pas encore passé à l'Etat d'or, » dont j'ai déjà parlé dans mon voyage au Mexique.

et d'investigation qu'il n'y a plus de doute que les métaux sont des corps composés et que, par conséquent, on est en droit de les produire ou transformer, et mes dernières expériences me donnent la certitude que je suis sur le point d'atteindre mon but.

« La production de l'or artificiel est en elle-même un fait moins incroyable que la belle découverte de Daguerre et Niepce, et de nos jours le Téléphone et bien d'autres.

« Etant admis que la production de l'or artificiel sera un fait accompli dans un avenir prochain, et que cette découverte aura des conséquences incalculables, que la France fasse donc un léger sacrifice, pour ne pas laisser nos voisins la devancer et je me mets entièrement à sa disposition. »

Bien que nous soyons dans un siècle de lumière, que les sciences aient fait des progrès considérables, il est cependant certains préjugés qui ne laissent pas de nous dominer, et au nombre de ces préjugés est celui qui fait considérer comme une utopie la production de l'or artificiel. Nos savants, soit sous l'influence de ce préjugé, soit à cause des bouleversements que produira ma découverte et dans les théories scientifiques, admises aujourd'hui, n'osent pas aborder l'examen des résultats que j'ai obtenus et quand je me suis adressé à eux, j'ai été écarté par des fins de non recevoir.

Nous ne sommes cependant plus au temps de Galilée, j'ai obtenu un résultat certain qui, pour moi, est incontestable, il est permis de l'examiner sérieusement et de se rendre compte de sa valeur exacte.

La production de l'or artificiel, si elle existe réellement, ce dont je ne doute plus, a une trop grande importance pour que nous laissions à d'autres le soin de nous en faire connaître les avantages, après toutefois en avoir fait leur profit à notre détriment.

Soyez persuadés, Messieurs, que je ne suis pas seul à étudier cette transformation. Les communications que j'ai faites à l'Académie des Sciences, en 1852 et 1853, ont suscité chez un grand nombre de chercheurs des différents pays, l'idée d'atteindre le but que je me propose d'atteindre, et ils poursuivent leurs travaux dans le silence de leurs laboratoires ; ne nous laissons donc pas devancer. Pour moi j'ai toujours persisté dans mes recherches, je me suis mis au travail avec patience sans me préoccuper de l'avenir et sans penser à notre destinée éphémère, ne voyant que le but et cherchant à l'atteindre.

Mais je suis arrivé à un âge qui me permet de craindre de ne pas arriver seul et assez tôt ; c'est pourquoi je demande qu'on me vienne en aide.

Je vais vous répéter ce que je disais l'année dernière au Conservatoire des Art et Métiers, lors de l'Exposition des produits de la société chimique de Paris, à plusieurs personnes compétentes à qui je montrais mon or artificiel et qui, d'après les propriétés que je leur ai indiquées, ont reconnu que ça ne pouvait en effet être que de l'or : « Jusqu'ici, qu'est-ce que cette découverte a coûté à mon pays ? absolument rien. Puisque tous les sacrifices ont été faits jusqu'ici par moi seul. Qu'on me vienne donc maintenant en aide pour me permettre d'atteindre mon but. Je ne suis qu'un simple ouvrier, je ne suis ni un avanturier, ni un homme sans patrie ni lieu ; partout où j'ai passé je puis y retourner la tête haute. J'aime avant tout mon pays et je poursuivrai dans son intérêt, aussi loin qu'il me sera possible, mes travaux et mes démarches jusqu'à ce qu'une porte me soit ouverte, suivant en cela ce précepte de l'Evangile : frappez et on vous ouvrira. »

J'ai un fait incontestable qui vaut plus que toutes les paroles qu'on peut dire, et si je ne voyais pas dans ce fait un intérêt considérable pour mon pays, mon intérêt personnel étant tout à fait secondaire, je ne vous en aurais pas plus entretenu que de mes autres inventions.

J'espère, Messieurs, que, comme moi, vous comprendrez l'importance de ma découverte et les avantages que pourra en retirer le pays à qui en reviendra l'honneur, et que vous vous efforcerez de m'aider à atteindre mon but et d'arriver à faire figurer dignement cet or à l'Exposition du centenaire de la République.

Je vous prie, Messieurs, de vouloir bien agréer l'assurance de ma haute considération.

T. TIFFEREAU

Un dernier mot sur l'Or Artificiel.

Quand la France voudra, elle pourra se convaincre de la réalité de ce fait.

MESSIEURS,

C'est en vain que je me suis adressé à plusieurs personnes compétentes, pour qu'elles veuillent bien examiner attentivement cet or ; toutes s'y sont refusées avec courtoisie. Cela devait être ; l'Académie n'ayant pas daigné s'en occuper, qui voulez-vous qui aille contre la Faculté des Sciences ?

Cet or artificiel a des propriétés physiques à lui, qui le distinguent de l'or naturel, que vous tous pouvez examiner et reconnaître. Cet or ayant été produit dans une réaction chimique, qui s'est opérée sur de la limaille d'argent alliée au cuivre, en présence de l'acide nitrique, et sous l'influence solaire, il s'est produit au début une vive réaction ; d'abondantes vapeurs de gaz nitreux se sont dégagées. Au bout d'un certain temps, la réaction s'est arrêtée, et, à partir de ce moment, la limaille s'est agglomérée en un tout d'un noir verdâtre qui ne s'est désagrégé qu'après plusieurs évaporations successives dans l'acide nitrique. Cette matière verdâtre a changé peu à peu de couleur et a pris celle de l'or, lorsqu'elle a commencé à se désagréger. C'est cette matière que je vous soumets, qui a les propriétés chimiques de l'or naturel, avec des propriétés physiques différentes. Cet or est encore agrégé par petites parcelles qu'on peut examiner au microscope, les disséquer ; on en séparera des grains égaux entre eux, qui vous représenteront les grains de limaille d'argent avant l'opération, mais qui ont changé de forme et d'aspect dans la transformation moléculaire qu'ils ont subie dans cette expérience. Voilà ce qui me fait vous affirmer qu'on ne peut pas produire cet or semblable autrement qu'en opérant dans des circonstances analogues, ce qui est ici, pour cet or, un cachet d'authenticité indéniable.

Vous pouvez comparer cet or artificiel, avec tous les échantillons que vous pouvez posséder d'or naturel ; je doute fort que vous en trouviez qui aient ces mêmes propriétés physiques et qui soient en tout semblables à celui que je vous présente.

Les personnes auxquelles j'ai montré cet or pour les convaincre, me demandent pour en finir que je leur en produise de semblable, parce qu'elles savent bien que c'est très-difficile (1) et que s'il en était autrement, je ne viendrais pas demander qu'on me facilite les moyens de poursuivre mes investigations pour finir d'approfondir les causes de mes insuccès.

Ce que je vous demande, Messieurs, c'est qu'on examine cet or, qui a des propriétés physiques particulières que vous pouvez reconnaître, et le distinguer de l'or naturel.

Mais qu'on ne vienne pas m'imposer pour le moment, à ce que je vous le reproduise.

C'est une chose pour laquelle je ne trouve pas de nom pour peindre ma pensée. C'est comme si on eut dit à Fulton qu'il fit une machine à vapeur comme celles que nous possédons aujourd'hui, quand vous savez que plusieurs générations ont été employées à perfectionner son Œuvre. Et vous voulez qu'un seul homme arrive à un tel but, privé qu'il est des matériaux indispensables à ses

---

(1) Ce sont des expériences de longue durée, difficiles à reproduire : J'ai réussi trois fois au Mexique; les deux premières n'ont été faites que sur des quantités de matières très-minimes; ce n'est que dans la troisième expérience que j'ai opéré sur plusieurs grammes de limailles, et qui a produit l'or que j'ai présenté à l'Académie des Sciences.

recherches; qu'il vous produise de suite un fait accompli qui ne laissera plus rien à désirer ! Voilà pourtant ce qu'on me demande, après m'avoir retiré, les uns après les autres, tous les moyens qui eussent pu me faciliter des ressources pour poursuivre mon travail et l'amener à bonne fin.

Messieurs, je pourrais encore fournir sur cet or bien d'autres détails, mais, dans l'intérêt de cette découverte et de mon pays, je crois devoir attendre et me mettre entièrement à votre disposition.

T. TIFFEREAU

Paris, imp. A. Quelquejeu, rue Gerbert, 10.

A Grenelle, chez l'Auteur,
130, rue du Théâtre (Paris).

Grenelle le 16 Janvier 1888.

Messieurs les Sénateurs,

Depuis longtemps la production de l'or artificiel préoccupe un certain nombre de chercheurs modestes, et de nombreuses expériences ont été faites à ce sujet. Je suis au nombre de ces chercheurs.

Après plusieurs années de travail je suis arrivé au résultat demandé, en très petite quantité, il est vrai, mais j'ai un résultat indiscutable que je tiens à la disposition de nos savants compétents qui voudront bien en faire l'analyse. Une série d'expériences, faites depuis que j'ai obtenu mes quelques grammes **d'or artificiel**, me permet de croire qu'on peut opérer sur une grande quantité. Le 3 Mars 1885 je faisais part de ma découverte à M. Berthelot par la lettre que vous trouverez ci-jointe.

J'ai brigué longtemps l'honneur d'arriver seul à une production pratique et non sur de simples expériences de laboratoire. Mes essais continuels ne laissent aucun doute sur les résultats à obtenir. Mais mes moyens insuffisants ne me permettent pas de réaliser assez vite des progrès très sensibles et mon âge me laisse craindre que, marchant trop lentement, je sois obligé d'abandonner mon œuvre avant d'avoir atteint mon but. Ce serait perdre le travail d'un demi siècle au moment où il est prêt d'aboutir.

C'est pour quoi je me fais aujourd'hui un suprême devoir de m'adresser à vous, Messieurs les Représentants de mon pays, pour vous demander à ce qu'il soit fait droit à ma juste demande et qu'on me procure tout au moins les moyens de poursuivre mes expériences avec le concours d'hommes compétents délégués par le gouvernement et qui pourront, au besoin, poursuivre mon œuvre si les forces me manquent pour la conduire à bonne fin.

Le résultat, j'en suis certain, ne se fera pas attendre, et j'ai tout lieu de croire que, mon pays me venant en aide, le produit nouveau sera une de nos gloires à l'Exposition du Centenaire de la République.

Un mot seulement, Messieurs, sur la démonétisation de notre monnaie de billon. Puisqu'on a attendu si longtemps pour changer cette monnaie séculaire, qui a du bon et du mauvais, pourquoi n'attendrions nous pas encore un peu avant de dépenser des millions pour faire une transformation qui serait à recommencer après ma découverte.

J'espère, Messieurs, que vous voudrez bien prendre en considération ma juste demande et la faire agréer par le gouvernement. Ce serait procurer à notre pays beaucoup d'honneur et une grande fortune et pour moi une grande satisfaction.

Daignez agréer, Messieurs, l'assurance de ma haute considération.

C. T. TIFFEREAU.

130, rue du Théâtre, Grenelle-Paris.

Grenelle, le 3 Mars 1885.

A Monsieur Berthelot (de l'Institut).

MONSIEUR,

Excusez moi de la Liberté que je prends d'user de vos instants, mais venant de lire dans la revue Scientifique du 28 février votre philosophie des Sciences (Théories Alchimiques et Théories Modernes), je ne puis résister au désir de vous adresser quelques lignes. Nous ne sommes plus au temps de Galilée, nous pouvons parler, j'en use pour vous affirmer de nouveau, avec une conviction inébranlable, que l'or que j'ai présenté à l'Académie des Sciences le 17 Octobre 1853 **est de l'or artificiel**, ainsi que je puis le prouver.

Une année plus tard, en 1854, je faisais des expériences à la Monnaie en présence de M. LEVOL. Éconduit par ces Messieurs il ne me restait que la conviction du fait que j'avais obtenu mais aucun appui pour continuer mes recherches. C'est avec amertume que je renfermais cet or avec mes espérances, sans savoir quand je pourrais reprendre ces travaux ma position ne me permettant pas de disposer de mon temps.

Après 31 ans d'un travail incessant je suis arrivé à me faire une position indépendante. Je vais donc consacrer les quelques forces qui me restent pour poursuivre mon œuvre, le courage me soutiendra.

Cependant un point noir me revient souvent à l'esprit depuis que j'ai publié ma découverte, c'est la crainte que nos ennemis arrivent à en profiter avant nous et en aient le fruit sans l'avoir mérité. Ce serait pour moi une affreuse déception.

Il a fallu votre écrit sur les Alchimistes pour me faire parler et c'est une grande satisfaction pour moi de vous avoir fait part de mes idées.

Si vous désirez, Monsieur, voir l'or artificiel que j'ai obtenu, je suis à votre disposition et je serai très heureux de vous le soumettre.

En attendant, Monsieur, veuillez agréer les hommages de votre tout dévoué serviteur.

C. T. TIFFEREAU.

www.ingramcontent.com/pod-product-compliance
Ingram Content Group UK Ltd.
Pitfield, Milton Keynes, MK11 3LW, UK
UKHW022150190726
13855UKWH00004B/1422